目次

關於封面
因為本期的主題是「食與書」，封面的設計原型就用了「樣本假書」。就是印刷前為了確認紙張、外觀與厚度所作的空白假書。這是請《日日》日文版印刷的大日本印刷公司協助製作的。看到這樣的新書樣本，不由得讓人產生肅然之情。攝影為日置武晴先生。

特集1　村上開新堂的山本道子

做出和30年前一樣的料理

人吶，總有一些堅持。
因為這些堅持不同，才顯得如此有趣。
現在這兒有一本30年前
某家企業免費贈送的食譜，
在當時而言，這是相當創新的舉動。
30年來，有個人一直珍惜著這本食譜，
有機會便做做其中幾道菜，
那就是我，高橋良枝（日日編輯）。
現在，就讓這本食譜的設計者山本道子小姐
帶來屬於今時今日的料理。

料理・搭配─山本道子　文─高橋良枝　攝影─日置武晴　翻譯─蘇文淑

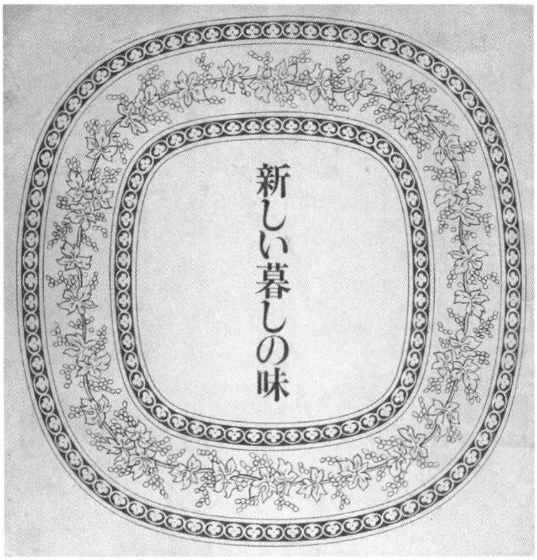

生活新滋味

「在樸實的生活中，添加一抹新滋味。謹讓龜甲萬為您帶來幸福的醍醐味。（後略）」在後記裡這麼寫著的小冊子，是龜甲萬股份有限公司於1975年5月發行的食譜，包含封面在內共有68頁，19公分的正方形開本。由犬養智子撰文、山本道子設計食譜（村上開新堂第五代老闆）。包含烹煮過程在內的所有照片與設計，在當時是相當洗練而創新的。犬養小姐介紹村上開新堂的文章也很有趣。

村上開新堂與Dohkan

村上開新堂是道子小姐的曾祖父於明治7年在麴町開設的法國糕點店，這家店同時也是知名的正統法國餐廳。由於想「好好服務熟客」，因此晚餐的訂位，需有客人介紹才可。「Dohkan」則是道子小姐開設的餐館，提供各國美食與糕點，毋須訂位也可愜意享用美食。

Dohkan ☎03-3221-1935

我招待朋友時，常參考這本食譜搭配做出各種料理

在思考關於「食與書」這個主題時，我最先想起的就是《生活新滋味》這本手冊。這是龜甲萬醬油股份有限公司（現龜甲萬股份有限公司）在1975年發行的食譜。由評論家犬養智子小姐去拜訪村上開新堂第五代老闆山本道子，以其製作料理的過程為主軸。

1970年代跟現在不一樣，那時候沒有什麼介紹簡易家常菜的精緻食譜，家常菜食譜大多只出現在婦女雜誌。

那本書不曉得是我先生從哪裡拿回來的，大概想送給我這個「料理癡」老婆。

翻開扉頁，大量留白的設計在當時是很新穎的手法。除了家常菜，裡頭也介紹不少時髦的西方料理。我家常有客人，這本書裡的食譜就不時成了我安排菜色的好幫手。裡頭的卡士達醬做法，也比其他食譜做出來的好吃，所以我記得我做塔類糕點跟泡芙時，都採用這種卡士達醬做法。

龜甲萬的資料室裡也僅剩一本

當初我家那兩個孩子還小，現在他們早已跨越我當時的年齡了。在這麼長久的歲月裡，連房子都曾經改建過，這本書卻還慎重其事地留著，對我這個不擅長打理的人來講，可是個特例。

為了這次特輯，我們聯絡了龜甲萬公司，行銷部門的女士回覆：

「當時的員工已經全都離職了，這本食譜，我們資料室裡現在也只剩下一本。」

接著聯絡山本道子小姐，她也懷想起從前：

一邊聊著，手可沒停下呢，不愧是經驗老道的主婦。

「我記得很清楚唷，那時候我爸媽還在，店裡的事交給媽媽打理，所以家裡就由我煮飯。」

「龜甲萬公司應該做了三本吧。第一本是日本料理店『丸梅』、第二本是我，應該還有一本唷。」

原來除了《生活新滋味》外，居然還有另外兩本！雖然這是企業的

廚房牆壁上的磁磚裡鑲嵌的是真正的香草，是道子小姐從法國買回來的。

手筆，但願意在文化活動上投注這麼多心血，太令人感動了。

身為海外派駐員工的妻子常為客人做菜

這本食譜裡有一道「麝香葡萄燉香雞」，是用麝香葡萄（muscat）跟雞肉一起燉得清香嫩甜。我本來很想嘗試，不過麝香葡萄的高價位實在太嚇人了，我那時候還是個年輕的家庭主婦，那樣的菜色成了無法觸碰的夢幻料理。

「可能是因為那時候我們剛從我先生調派的紐約回到日本，家裡常有客人，所以常做那樣的菜吧！」

山本小姐也想起了年輕時的主婦時代。現在她身兼村上開新堂第五代老闆及Dohkan的經營者，每天都很忙碌。

這道法式蒜油焗蛤
是我最常做的開胃小菜（前菜）

《生活新滋味》第11、12頁
法式蒜油焗蛤（escargot butter風）

把文蛤或海螺等貝類配上這類佐醬，餐桌一下子就很有法式風味。

地中海式味噌小蛤佐夏蔬

現在日本的食材種類愈來愈多了。這回山本小姐為我們做的料理，就使用了從前很難買到的櫛瓜跟魚貝類。這雖然是前菜，但當成正餐吃也不錯唷。

■材料

帶殼海瓜子——300g
櫛瓜——1小條
番茄（成熟但仍帶硬度）——2顆
蝦子（中型草蝦）——8隻
蒜頭（切薄片）——¼～½瓣

醬汁
- 酒——80cc
- 長蔥（粗切）——10cm
- 酸豆（caper，粗切）——1小匙多
- 平葉歐芹（切碎）——1大匙
- 填充橄欖（粗切）——3顆
- 麥麴味噌——1小匙或酌量

橄欖油（炒菜用）——適量
特級初榨橄欖油（澆淋用）——適量

■做法

❶海瓜子泡鹽水吐沙。

❷草蝦去殼，背上切一刀取出沙腸，灑點酒（酌量）。

❸將味噌與一大匙酒放入碗內拌勻。

❹櫛瓜切成1公分厚的薄片，平鋪在盤上，小心別重疊。送進電磁爐中以強火（600W）微波一分半到兩分鐘，中途上下翻面，使櫛瓜稍微保留一點脆度。微波後，酌量灑上一點鹽巴調味。

❺以少量橄欖油炒蝦，灑點酒，並以鹽巴跟少量白胡椒調味。炒完後，如果醬汁稍微焦了，就將鍋子洗淨。如果沒有，把蝦子拿出，再加進½～1大匙橄欖油後，丟入蒜片緩緩炒過，小心別炒焦。接著放入海瓜子稍微炒一下後，倒入80cc的酒，轉強火，煮滾後蓋鍋蓋，火調弱，等海瓜子的殼一開隨即關火。

❻在另一個大一點的平底鍋中加入橄欖油（½～1大匙），把對切成四塊的番茄與櫛瓜平攤在鍋中，兩面稍微煎一下後，灑點鹽巴與胡椒。櫛瓜需要多一點鹽才有滋味，可以分兩次輕輕灑上。

❼先把海瓜子用濾杓舀起，鋪上蔬菜後再將海瓜子放回，蓋上鍋蓋，以小火保溫。將味噌、長蔥、填充橄欖、酸豆、平葉歐芹加進煮海瓜子的醬汁中（可視喜好除去蒜頭），煮滾後關火，並拌入1～2大匙特級初榨橄欖油。接著將醬汁淋在已盛入盤中的海瓜子與蔬菜上頭即可。可以烤些酥脆的法國麵包來搭配。

[前菜]

山本小姐在醬汁裡加了麥麴味噌，為這道菜增添獨特的滋味。

山本小姐廣納世界各國的好滋味都可以在麴町的Dohkan嚐到。

我心中的夢幻料理
麝香葡萄燉雞
這次增添了異國風情

《生活新滋味》第43、44頁
麝香葡萄燉雞

連榨葡萄汁過程的照片也令人垂涎三尺，光這樣就讓人對這食譜充滿好奇。

檸檬魚露香煎雞
佐香草沙拉

用麝香葡萄汁燉煮出來的這道菜，對當時年輕的我來講是既想做、又只能遠觀的料理。最近市面上買得到的調味料愈來愈多了，所以山本小姐也為我們變化出異國風的版本。

■材料

□檸檬魚露香煎雞

雞腿肉——2塊（400g～500g）

醃漬醬汁
- 泰式魚露——3大匙
- 檸檬汁——3大匙
- 沙拉油——1.5大匙
- 蒜頭（切薄片）——⅔～1瓣

□異國風香草沙拉

沙拉葉——適量
紅洋蔥——適量
小黃瓜——適量
香草類——適量（香菜、紫蘇、茗荷、鴨兒芹、薄荷等）

沙拉醬
- 檸檬汁——2大匙
- 穀物醋——3大匙
- 泰式魚露——2大匙
- 越式甜辣醬——1.5小匙
- 砂糖——1大匙加1小匙
- 水——3大匙

■做法

❶將所有浸料放入有拉鍊的保鮮袋中搖勻。

❷把雞腿肉帶皮的那一邊，用叉子刺上幾次後，放進醬料中浸泡，擺進冰箱裡，至少兩、三個小時，中途偶爾將肉翻個面。

❸把❷的肉拿出來，擦去多餘醬汁後放入烤箱，帶皮的那一面烤8分鐘、另一面烤6分鐘左右，確實烤熟。烤到手指一按，肉會恢復彈性，竹串也刺得過肉比較厚的部分就可以了。

❹關火後，靜置約5分鐘，等吸收了肉汁之後，切成適合進食的大小，與淋上沙拉醬的香草沙拉一同盛盤。

這種卡士達醬
經常出現在我家的糕點中

《生活新滋味》第59、60頁
海綿蛋糕塔

這種方法做出來的卡士達醬很好吃，我也用在泡芙裡。

香蕉布丁塔

「好奇怪唷，那時候我怎麼會用香蕉跟罐頭橘子呢？」山本小姐不解地望著30年前的照片。接著說，可能是那時候正好是水果較少的季節吧。這次我們也請她用香蕉來製作點心。以前食譜裡用的那盤子還在，這次也以相同盤子盛盤。

■材料

□橙醬

柳橙汁——150cc
砂糖——2大匙
君度橙酒（Cointreau）——1～1又½小匙

□蒸糕

雞蛋——2顆
牛奶——125cc
鮮奶油——100cc
砂糖——2大匙加2小匙
君度橙酒——¼小匙
肉豆蔻——一小撮
香蕉——2小根或1又½大根

■做法

□製作橙醬

將柳橙汁與砂糖加進小鍋中煮沸，分量差不多剩一半時，加入君度橙酒。如果想把酒精煮掉，也可以在加入君度橙酒後重新煮沸一次。

□製作布丁塔

❶蛋打在碗裡，打散後加入牛奶、鮮奶油、砂糖、君度橙酒、肉豆蔻拌勻。
❷香蕉剝皮後，斜切成8釐米至1公分左右的切片，塗上1～2大匙柳橙汁。
❸在做派的盤子或淺盤上塗抹奶油，將香蕉平均鋪勻，加入❶的蛋液。
❹將盤子放入已預熱至200℃的烤箱下段，烤25分鐘後，如果竹串從中央刺下拿起後並沒有沾黏，就表示烤好了。
❺趁熱淋上橙醬，端到餐桌上。也可以在橙醬裡加點藍莓、芒果來添色增姿。

布丁塔（Flan）在製作上比其他使用香蕉的甜點簡單，很適合在家做。

日日歡喜❻

擴大版

「食與書」

日日的編輯概念是以「食」為中心，
思考著每天生活，
因此大家的工作幾乎都是與料理有關，
甚至，每個人都很愛吃。
這回的日日歡喜就以「食與書」做為題目，
介紹每個人最鍾愛的書。

攝影—安井進　翻譯—王淑儀

1 大宅稔（咖啡烘焙人）
《散步時總會遇到想吃的》

以這本書為代表，池波正太郎每次談到美食，都會讓人忍不住想要上街去，找間咖啡廳泡著。特別是本書中有章講到「在京都買了果凍，回到飯店將果凍擺在房間的陽台，然後再出門去喝一杯，回來時正是這果凍最好吃的時間。」使它成為要到街上買些點心時，一定會帶在手邊的參考書。作者／池波正太郎　發行／新潮社（昭和58年6刷文庫本）

2 安井進（攝影師）
《居酒屋味酒覽精選172》

我因為工作的關係，常需要到全國各地採訪，這個時候一定會帶上這本書。晚上，沒有特別約的話，就會帶著它，到街上去找書中刊載的居酒屋，那真是無上的樂趣。跟著書找到的居酒屋從來沒讓我失望過，所以可以這麼放心地相信這本書（或該說是作者？）。作者／太田和彦　發行／新潮社

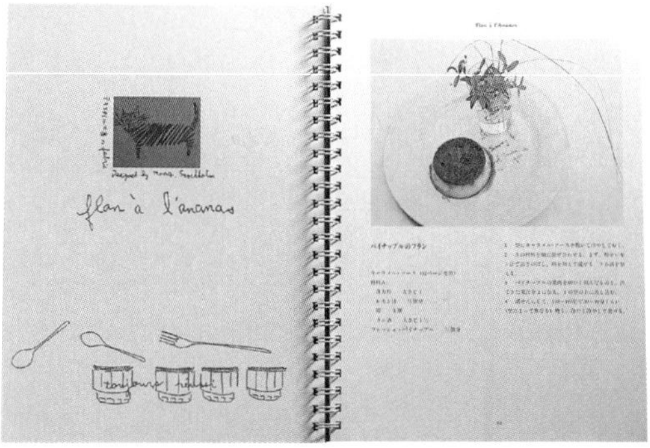

3 公文美和（攝影師）
《堀井和子私房點心手札》

這是本採用金屬線圈裝，還附有一個半透明塑膠書盒的書。看到它的瞬間，不禁為了世上有這麼一本書的存在而感動。料理、照片、文章、插畫全都出自堀井小姐一人之手，可說是完整呈現堀井世界觀的一本書。該出版社如今似乎已不存在了，可說是夢幻之作。作者／堀井和子　發行／白馬出版

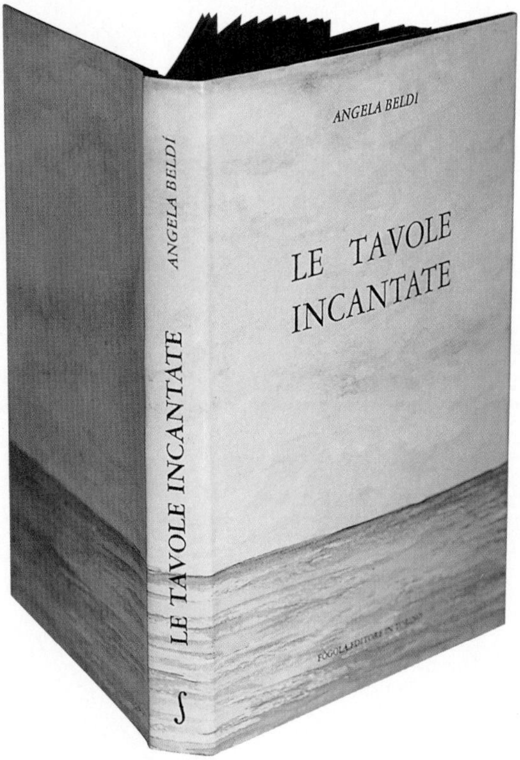

4 米澤亞衣（料理家）
《LE TAVOLE INCANTATE》

這是由一位在義大利西利維艾拉（Riviera）海邊經營旅館的女士所寫的書，在春夏秋冬四季，與友人們圍坐在豐盛的餐桌四周，充滿著自己作的詩、料理、擺飾、風景等所交織而成的散文。水果、花卉的水彩畫十分優美，已超出料理書的範圍，足以撫慰人心的一本書。作者／ANGELA BELDI　發行／FOGOLA EDITORE

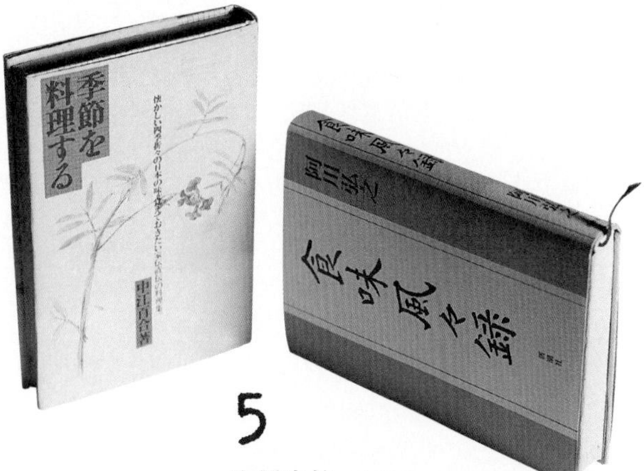

5 高橋良枝（編輯）
《料理季節》及《食味風風錄》

《料理季節》雖是一本文字書，卻透過一道道料理的描寫，完整呈現出昭和時代一個美好家庭的模樣。明治時期出生的作者跟我祖母的身影重疊，每次翻開此書時，彷彿就像是我跟祖母一起站在廚房裡輕鬆聊著天一同做菜般。
與中江女士十分友好的阿川弘之所著的《食味風風錄》，對我而言是跟《料理季節》成對的一本書。優美的日語時而夾帶著詼諧幽默，圍繞著食物的話題像是說也說不完似的，既是文章的範本，又能滿足貪吃鬼的心。《料理季節》於昭和34年初版，54年復刊，平成15年第二次復刊。發行／GRAPH社。《食味風風錄》發行／新潮社

6 田所真理子（插畫家）
《紅髮安妮的手作繪本》

這是本由照片、插畫及文章所組成的書，對於《紅髮安妮》的粉絲來說非常有魅力。此書的插畫對於小時候的我而言，誘發了無限的想像，帶給我非常大的影響。書中為甜點或是手工藝品所取的名字，像是「安妮的祕密森林蛋糕」等，就像是走進安妮的世界，在當時還是少女的我面前，展開了一個夢般新境地。昭和55年發行／鎌倉書房　1995年復刊／白泉社

8 久保百合子（造型師）
《給最棒的你》

這本書讓我想起孩童時代的星期日。五月的一個星期日，廚房飄出草莓果醬的香味。母親將這本書中提到草莓的篇章拿給父親看，父親對於文中一句「你要不要試著做草莓果醬」十分有感，竟然對著還是小學生的我說「你以後也要成為這樣的女生哦」。長大後的我雖然沒有做果醬，也沒有過著如此高雅的生活，但它真的教我好多事情，影響我很深，是我一直很喜歡的一本書。編著／大橋鎮子　發行／生活手帖社（昭和51年版）

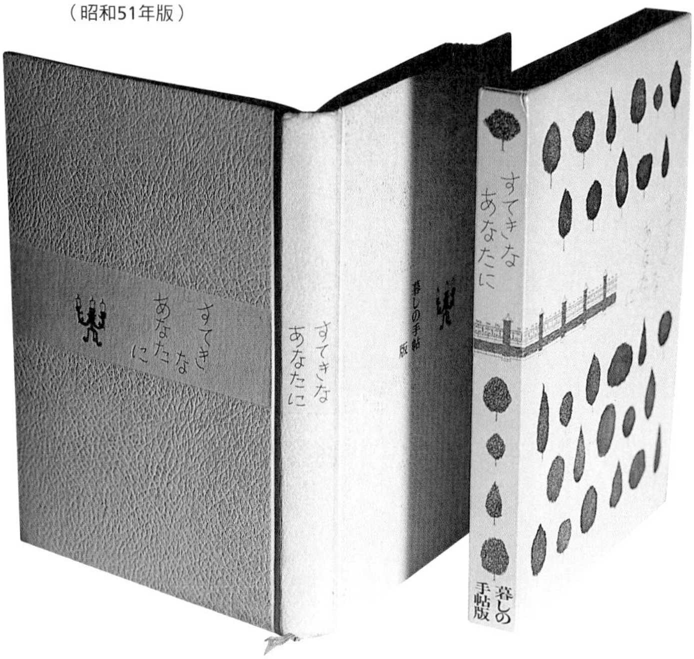

7 三谷龍二（木工設計師）
《女子們吶！》

與這本《女子們吶！》相遇是我唸高二的時候，那時哥哥買了剛出版的這本書，我覺得還滿有趣的，於是就借來看。當時的我對世界上很多事情都感到好奇，我穿著VAN的衣服，挺著背，聽著爵士樂，一手拿著伊丹十三的書站在廚房裡做著奶油培根義大利麵，「這道菜就是這麼簡單又十分道地」這句話帶給我很大的啟發。作者／伊丹十三　發行／文藝春秋（現在則由新潮文庫發行）

9 赤沼昌治（圖紋設計師）
《FAMILY COOK》全14卷

有次在閒聊中跟朋友提到我喜歡二手書，之後他竟送我這套書。這是一套14本全集的料理百科事典，據說是朋友的母親當年的嫁妝。不論是日本料理、西餐、中餐、便當菜、年菜甚至是減肥餐，這套書全都一應俱全，裝幀更是出自當年為東京奧運設計海報而聞名的已故設計師龜倉雄策之手，豪華……也很厚重。發行／講談社（已絕版）

11 杉野真理（攝影師）
《愛吃小豬》

主角是一隻叫做冬冬的小豬，牠是個愛吃鬼，每天四處遊玩、去釣魚、去耕田、為了找到好吃的東西而旅行，擁有旺盛的好奇心。文章時而從左時而從右地像是在跳舞般，讓讀者跟著小豬冬冬哼的歌一樣讓人玩心大起，十分愉快。雖然結局有點令人感傷，冬冬究竟跟著好吃的東西去了哪裡呢？昭和12年初版／平成17年復刊　作者／初山滋　發行／夜晝PRO（よるひるプロ）

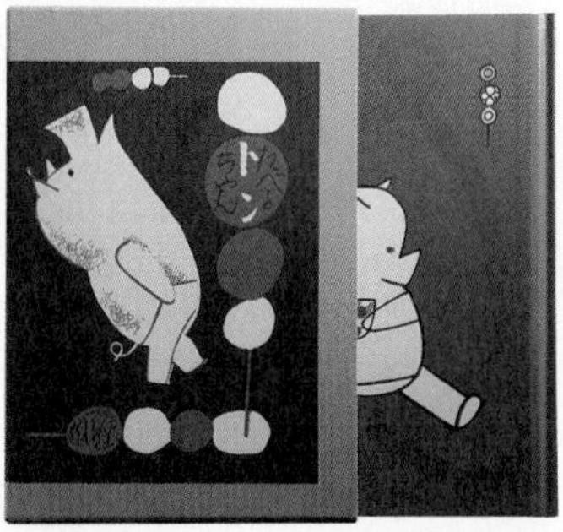

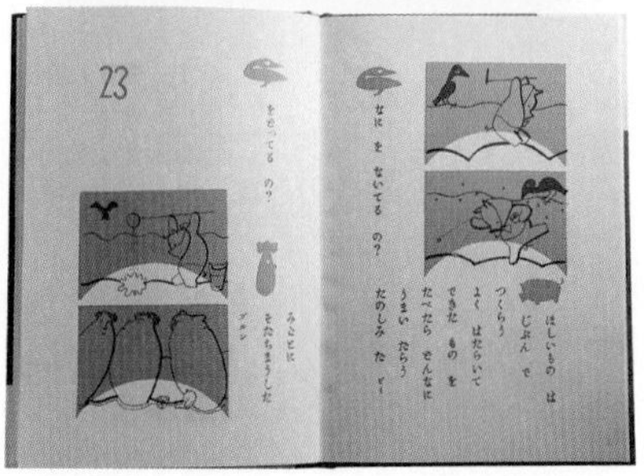

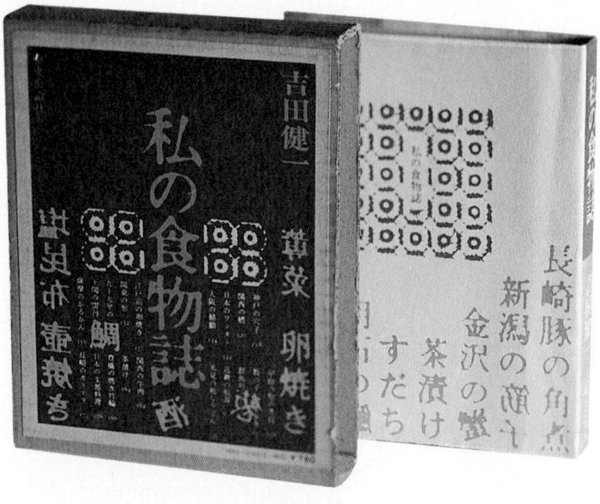

10 廣瀨一郎（桃居店主）
《我的食物誌》

自從二十歲出頭正值年輕氣盛時遇到它以來，不知讀過多少次。隨著自己的年紀與作者越來越接近，漸漸可以理解這本書的況味。料理不僅需要料理人，也要有懂他的知音。知音者不僅要有豐富的美食經驗，若未能親身經歷過人生的酸甜苦辣，也無法真正理解料理的真髓。吉田健一是位曠世哲學大家，才能寫出這樣一本食味隨筆傑作。當我終於了解這本書深奧之處時，有種自己真的已長大成人的感覺。作者／吉田健一　發行／中央公論社（已絕版）

關於書

書的世界總讓我感到如此豐饒。這次請每位伙伴來寫寫他們直覺反應的那一本書，於是成就出這一篇篇就像是打開了回憶百寶箱後所寫下的文章。絕版書或是復刊本都令人眼睛為之一亮，原來，還有這樣經過時間淘選，而彌足珍貴的書呀。請各位讀者也藉此機會重新去翻閱對自己很重要的一本與食有關的書囉。

12 山本道子（村上開新堂第五代經營者）
《Joy of Cooking》

這本書是美國朋友送我的，聽說在美國主婦間稱得上是料理聖經的一本事典。手中這本是1997年版，最早的版本則是1931年，歷史十分悠久。在學生時代就知道有這本書的存在，現在店裡的菜單是日英對照，為了要查食材、調理方式等專有名詞時常會用到這本書。作者／Irma S. Rombauer, Marion Rombauer Becker and Ethan Becker
發行／SCRIBNER

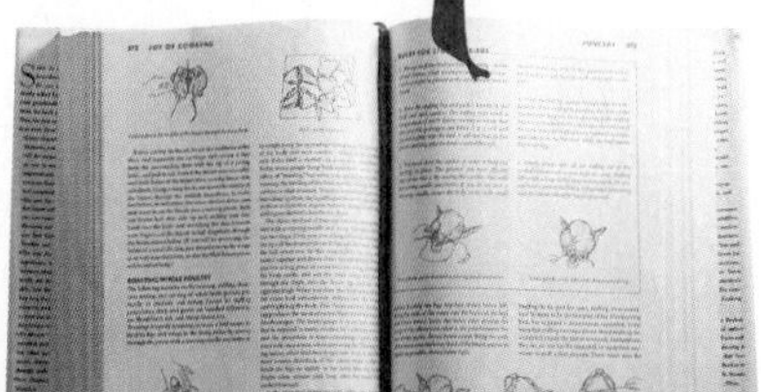

參考一百年前出版的
著名食譜來作菜

「法國料理之王 奧古斯都・愛斯克菲爾的料理書」

日置武晴（攝影師）

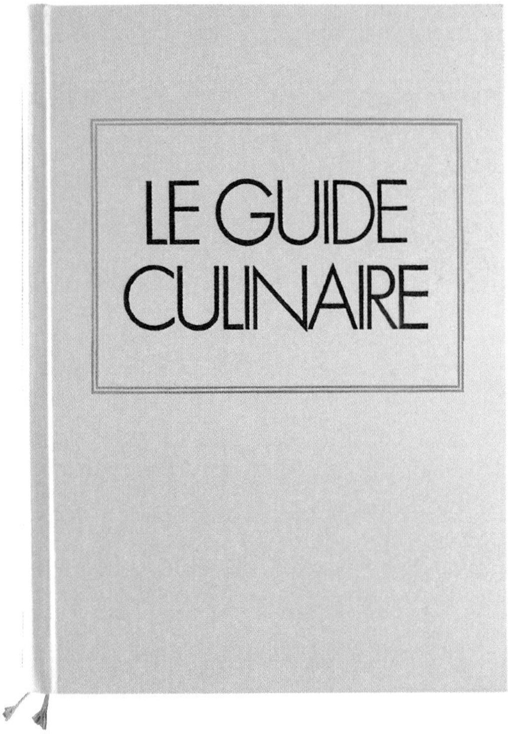

LE GUIDE CULINAIRE

因為奧古斯都・愛斯克菲爾（Georges-Auguste Escoffier，1846-1935）所寫的這本書，法國料理首次出現系統性的整理，是被專業廚師奉為聖經的作品。日文版於1967年出版，至今已26刷，光是索引就高達110頁，內容刊載著近三千道菜色的食譜。發行／柴田書店　日文版翻譯／角田明

「當時我是柴田書店的職員，想說應該要擁有一本這樣的書，就用員工價買了。」

從基本的食材調理方法，沿伸出各式各樣的食譜、不同加熱方式而有不同的做法等等，所有法國料理的基本全都網羅在內，是學習法國料理精髓必備的一本書。

這次的特集我們特別請到日置先生從書中挑選一篇為我們料理。

「其實平常我並不會看食譜、照著上面指示去做耶」。以現代的食材要完全重現大約一百年前的食譜是件難事，只有盡量選購最接近這古老食譜中所提及的牛奶等食材。

「這次我們使用的是白砂糖，但是一百年前的砂糖究竟純度是否跟現今的白砂糖一致，實在無從考究呢。」

成品即為照片中的「焦糖布丁（Crème moulée a la caramel）」，是照著香草布丁（Crème moulée a la vanille）食譜製作再加上焦糖的成果。下面即簡單介紹書中所載的香草布丁做法。

在煮沸的牛奶中倒入200g的砂糖一同煮至融化，放進一株香草莢再煮20分鐘。將四顆全蛋、八顆蛋黃打散，分次一點一點慢慢加入熱牛奶中。將所有食材全部混合均勻後過篩，倒入底部已鋪上一層焦糖的器皿中放在烤盤上，烤盤中注入水以隔水加熱的方式放進150～160℃的烤箱烤60～90分鐘後取出，室溫下冷卻後再放進冰箱裡冰鎮。

完成的焦糖布丁閃耀著金黃色澤看上去十分美味。日置先生先思考照片的構圖，拍好布丁完整時的照片後，就開動了。切口處可看出沒有一丁點的氣泡，十分細緻綿密，近乎完美，從此可知日置先生的手藝可不是等閒之輩可比擬。

日置先生做出如此纖細而完美的焦糖布丁，唯有看到這豪邁的切塊時，才稍稍透露出它原來是出自男性之手。

特集2

飛田和緒與村松友視吃蕎麥麵、一起談天說地

以《時代屋的老闆娘》得到直木賞的村松友視先生，寫了好幾本以「吃」為主題的著作。飛田和緒小姐聽說是拜讀了村松先生的《夢見蕎麥麵》而成為他的書迷。這次，我們在村松先生推薦的蕎麥麵店「砧屋」，實現了飛田小姐夢寐以求的會面。

版面—高橋良枝　攝影—安井進　翻譯—褚炫初

村松　趁蕎麥麵還沒泡軟，請大口大口吃吧。

飛田　好，那我開動了。這蕎麥麵好好吃噢。

村松　我太太很喜歡這裡，比我先來過好幾次呢。

飛田　尊夫人是怎麼找到這家店的？離市中心那麼遠，不是平常走走就會發掘的店家吧？

村松　該說她是順風耳嗎？光顧怪店往往會聽到各式各樣的小道消息。這裡是從《珍奇奧妙的店》（譯註：村松友視的小說著作，描寫一家專用特殊食材料理、不按牌理出牌的奇妙壽司店）的藍本——阿佐谷一間壽司店遇到的客人那邊聽來的。

飛田　《珍奇奧妙的店》裡有段講到用鹽巴和蒜頭搭配鮪魚，這種組合好新鮮呀。我家有時也會這樣吃。我本來就很喜歡吃蕎麥麵，自從拜讀了村松先生的大作《夢見蕎麥麵》，就更喜歡了。

（上圖）飛田和緒小姐珍藏的村松友視先生著作。
《夢見蕎麥麵》（絕版）、《阿布桑故事》（河出書房新社）、《珍奇奧妙的店》（小學館）、《市場的早餐》（平凡社）

「自從拜讀了《夢見蕎麥麵》，我就成為您的忠實讀者」

「書裡那家蕎麥麵店，可是以會津一家名店為藍本寫的喔」

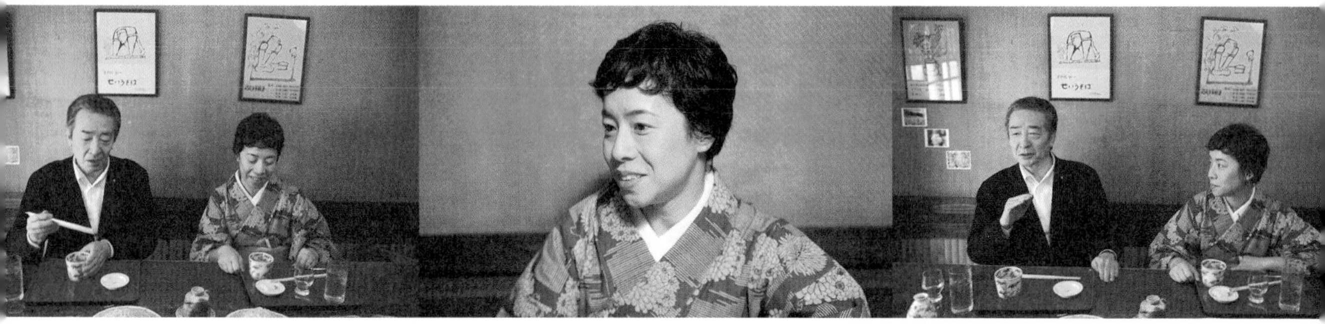

村松　夢見蕎麥麵那間店，起初是因為工作而去採訪。但因為是夏天，沒有蕎麥麵可吃，結果花了一小時，被帶到一個叫飯豐山的山麓，去看盛開的蕎麥花田。

飛田　哇！那本小說完全是根據事實寫的嘛！書裡面也有去到飯豐山麓，不沾醬只以清水佐蕎麥麵的情節，十分有意思。

「做自己想吃的東西，這大概是家庭主婦的特權吧」——飛田和緒

村松　「水蕎麥麵」這名稱可是我發明的。近來在一些不相關的地方好像也有「水蕎麥麵」。不過，那要在叫做飯豐山的會津（譯註：日本古地名，現今福島縣西部）山區，自家農地種的蕎麥所做的麵條，碰巧用當地清水配著吃，才顯得有意義。對了，書裡面也寫到飯豐山有個出伏流水的水域，在小說連載期間，我還接到委託希望我幫那水命名。

飛田　替水取名字嗎？

村松　我其實不太做這樣的事情，不過既然小說裡面都用了，所以就寫下「夢見之水」傳真回去。過了大約一年，我被帶到會津去觀賞飯豐山的風景，並且停車讓我看伏流水的所在。結果那裡竟然立了一座石碑，刻著「夢見之水・村松友視」，把我嚇了一跳。好像是為了要秀給我看才特地停車的，真是很過意不去。

飛田　哈哈哈。現在應該變成會津的觀光勝地了吧？村松先生很喜歡吃東西吧？因此寫了好幾本相關的書籍。

村松　的確很喜歡，不過到了這年紀，僅僅要去光顧多年的店家捧場就很累人了。聽到誰說哪裡好吃，反而會覺得「啊又多了一間店」而感到沉重。現在覺得與其是貪吃的口慾，

不如說是被那些人情世事而左右。還有，跟誰一起吃非常重要。無論再怎麼好吃，因為用餐對象不對而被搞砸的例子也是有的。

飛田　這個我很明白。我也有過被招待去吃大餐，卻很想從現場逃離的經驗。

「比起要吃什麼，和誰一起吃，才是重點呀！」——村松友視

村松　飛田小姐寫過一本叫做《求愛料理》的書吧？那正是我的關鍵字。因為我不會做菜，所以就變成「求愛餐廳」，我都會先想如果帶誰來這家店會很有趣。珍奇奧妙的店也是這樣的店之一。

飛田　我也好喜歡《市場的早餐》。因為看起來太好吃，讀了會嘴饞，所以就靠自己想像做了鯛魚茶泡飯和魚肉雜燴湯（譯註：原文じゃっぱ汁，青森縣的鄉土料理，用魚肉、內臟和魚骨加味噌所煮的湯）。

村松　那本書裡有種叫「綿鯛」的魚，身體有一層像寒天的東西，非常奇妙，但是味道好棒！富山一般的平價居酒屋就有，把醬油和酒煮滾後加入綿鯛、豆腐、蔥和鷹爪辣椒，只有這樣。

飛田　感覺好像好吃喔！真想嚐嚐看。

村松　這可是在高級餐廳也吃不到的哦。如果想吃滑溜溜的綿鯛，請到富山的大眾餐廳說要點「綿鯛鍋」吧。某次富山一間賣魚的店家甚至對我說：「村松先生在富山賣魚的人心中是有特別的地位」。我問「為什麼？」結果對方回答，因為你讓大家認識了綿鯛啊。

飛田　拜村松先生之賜，原本冷門的綿鯛一躍成為主流了。

村松　曾經有段時期，我對用土鍋來煮飯非常著迷。把米飯煮得飽滿美味，

「不同產地的蕎麥粉，風味也完全不同呢」飛田　「請告訴我您喜歡的蕎麥麵，我就去煮」老闆

感覺超棒的。桌上應該要有佃煮昆布（譯註：用砂糖和醬油煮到入味的昆布）、烤魚呀，像這樣感覺有如餐桌的指揮非常有趣。

飛田 呵呵，好像很樂在其中呢！

村松 對啊，這時候就不想讓老婆幫我煮飯。我本來以為總有一天老婆會說「還是我來煮吧」，結果卻沒有。飛田小姐從事料裡的工作，平常下廚與工作時的料理是不同的嗎？

飛田 工作除了有主題，還有幫忙搭配餐具與餐桌擺飾的生活設計師，多少會受到限制。但居家吃的料理就可以自由發揮，做自己想吃的菜。我老公很愛吃咖哩，所以只要說聲「今天晚上會做咖哩哦」，他就會很努力趕回家。不過有時到了傍晚我卻改變心意不想做咖哩，找了一堆藉口改變菜色，害老公非常失望（笑）。

村松 這種經驗，我也有過。內人說「今晚來吃壽喜燒」然後出門買菜。因為她和我對壽喜燒的主觀印象不同，於是我盡量不去干涉她，自己想了很多，到了傍晚，肉片微燙一下的畫面都已經歷歷在目了，內人回來後卻說「秋刀魚看起來很美味，所以我就買了」。這怎麼對得起我不斷沙盤演練的想像？

飛田 哈哈哈，因為要做什麼菜是家庭主婦的特權嘛！

編輯 兩位一邊吃著蕎麥麵一邊從《夢見蕎麥麵》聊起，結果講得太投入都忘了吃，老闆只好不斷重新幫我們下麵。

村松友視（Muramatus Tomomi）
1940年生於東京，少年成長於靜岡縣清水市。慶應大學畢業後進入中央公論社，做了18年編輯，因《我，是摔角的夥伴》一書出道成為作家。1982年以《時代屋的老闆娘》得到87屆直木賞，著有《阿布桑故事》、《鐮倉的歐巴桑》（泉鏡花賞）、《夢的始末書》、《紅酒的淚》、《桃子的香檳》、《俵屋的不思議》、《百合子小姐是什麼顏色》等。

砧屋（きぬた屋）
僅有六個座位，不接受併桌。對蕎麥產地很挑剔，每天現做不同種類的蕎麥麵。菜單只有蕎麥涼麵一種。東京都國分寺市東元町3-19-34（此為採訪後搬遷之新址，內裝與當時拍攝不同）☎042-326-7399
每周一、五公休　AM11：30～PM3：30

照片中的壺是市川孝作的作品。原本有刻度的咖啡壺破掉了，只好暫時先拿家裡現有的容器或量杯湊合一下，心裡也覺得這樣好嗎？這隻壺原本是用來裝焙茶或蕎麥茶的，因為看起來裝咖啡也會很好喝，最近飯後常被拿出來使用。　魯山☎03-3399-5036

生活與器皿❸
「泡好喝的咖啡」

久保百合子（造型設計師）

我想介紹一種誰都能做到、有如咒語般能泡出好喝咖啡的方法。

不要用沸騰的滾水直接沖泡咖啡，先注入咖啡壺稍微降溫，然後才移到開口較小的水壺。如此一來，滾水的溫度會稍微下降，也溫一下咖啡壺。

接著用水壺裡的熱水，讓咖啡透過濾紙慢慢滴入已經溫熱的咖啡壺。

由於香氣對於咖啡這種飲料很重要，就像泡玉露或中國茶一樣，不要太燙的熱水反而比較好。每當喝到杯底最後一滴也如此香醇，我就會覺得咖啡真是美好之物呀！

大宅稔的咖啡豆講座

講到選擇喜歡的咖啡，常會聽到「喜歡苦的就喝曼特寧」、「喜歡酸的就喝摩卡」這種講法，其實並不正確。

咖啡無論產地，深焙就會變苦，淺焙的則會比較酸。

因此正確的選擇方式應該是「喜歡苦的就喝深焙」、「喜歡酸的就喝淺焙」，然後再於苦味與酸味之間選擇喜歡的產地，而做出摩卡還是曼特寧的決定。

注意：由於咖啡風味還會隨著精製方法、烘焙過程而被賦予不同的個性，因此保留「大致上」、「基本上」的彈性很重要。

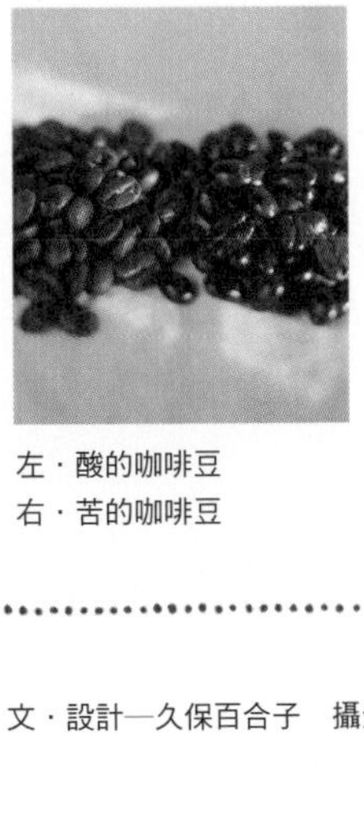

左・酸的咖啡豆
右・苦的咖啡豆

　文・設計—久保百合子　攝影—公文美和・安井進　翻譯—褚炫初

特集3　台灣家常菜

料理家Ｉｖｙ的私房食譜

Ｉｖｙ在台北天母教外國人作菜多年，不少駐台使節與外籍主管的夫人、甚至旅居台灣的美國製片，都是她的學生。

那些跟隨丈夫離鄉背井的妻子在Ｉｖｙ的廚房，不但分享異地生活的點滴，下課後，還將台灣味的美好，帶回去與家人分享。

Ｉｖｙ做的菜好吃，因為她就像天下所有的妻子與母親，下廚是為了看見自己關愛的人，吃飽後心滿意足的笑容。

料理—Ivy Chen　攝影—李維尼　文—褚炫初

關於 Ivy

Ivy在外國人社區Community Services Center與自家廚房教中國菜十幾年，在Center出版的雜誌Centered on Taipei月刊開闢一個Chinese Kitchen專欄，主要介紹台灣在地食材與烹調基本知識。除了教駐台外商與代表處官員外，也有觀光客或是國外餐廳業者來學菜。網站：http://kitchenivy.com/

Ｉｖｙ廚房小小的，只有兩、三坪大，但她卻像變魔術似的，端出了不計其數、充滿情感的料理。

在乾淨明亮的士東市場中採買，
不時和菜販閒話家常、討論料理的做法。

魷魚螺肉蒜

魷魚螺肉蒜可說是相當具代表性的台灣料理。Ivy笑著說，第一次喝這道被稱為「酒家菜」的湯，是因為幼時父親做生意難免需要上酒家，不過回家總會帶回好吃的菜尾。加了魷魚的螺肉蒜，就是父親應酬後帶回來與家人分享的美味。母親因為手藝高明，總能輕易複製出色香味俱全的酒家菜色。因此Ivy做起這道螺肉蒜，既有童年的回憶，也彷彿重溫五〇、六〇年代台灣家庭的日常風情。

■材料

冬筍——1支
雞高湯——6碗
乾魷魚——半隻
豬五花肉片——500公克
蠑螺罐頭——1罐
蒜苗（切成4公分段）——3根
芹菜（切成4公分段）——2根
鹽——適量

□雞高湯材料

老母雞——1隻
薑（拍碎）——3公分
蔥——5支

■做法

□製作高湯

- 將所有材料洗淨放在一個大湯鍋中，加水蓋過雞再多出5公分高。
- 用中火煮滾，轉小火繼續燜煮2～3個小時，中途需不斷的撈出雜質、泡沫等。最後過濾出雞高湯即可。

□準備食材

- 將乾魷魚泡水經隔夜，刮除皮膜，切成細條狀。
- 冬筍剝殼並削掉粗皮，切2×4公分的薄片。
- 將雞高湯煮滾，加入冬筍煮20分鐘。再加入泡發魷魚、豬肉煮5分鐘。
- 將蠑螺和罐內的調味汁、蒜苗和芹菜入鍋再煮3分鐘。
- 加入蒜苗和芹菜，煮滾並適量用鹽調味即可。

＊魷魚螺肉蒜的精髓就是蠑螺罐頭，一定要買煮湯用的，雞高湯也要用老母雞燉兩個小時，風味才夠。

魷魚螺肉蒜雖然是大家耳熟能詳的台灣料理，卻不見得經常會出現在一般家庭的餐桌上。
盛裝的大碗是鹿兒島睦先生的作品。

蛋酥蟹腿羹

在台南出生長大的Ivy，從小對辦桌一點也不陌生。據說早期宴請賓客，幾乎所有辦桌的第二道菜，就是蛋酥蟹腿羹（編按：這道菜在宜蘭稱為「西魯肉」，做法和台菜中的「白菜魯」有些相似，各地使用的材料略有不同）。這道菜的材料很多，寓意吉祥，Ivy認為，放真材實料的蝦子或蟹肉，吃起來口感更實在濃郁。

■材料

（1）
- 紅蔥頭（切片）——3個
- 蝦米（泡軟）——1大匙
- 乾香菇（泡水、切絲）——2朵
- 大白菜（梗的部分切絲）——3片
- 胡蘿蔔（切絲）——5公分
- 蝦仁——6隻
- 蟹腿肉——1盒
- 豬肉絲——100公克
- 蛋（打散）——1顆
- 雞高湯——2杯

（2）
- 鹽——½小匙
- 糖——2小匙
- 醬油——1大匙
- 胡椒——¼小匙

（3）
- 玉米粉——4大匙
- 水——2大匙

（4）
- 五印醋——1大匙
- 蔥（切蔥花）——1根
- 香菜（切碎）——1枝

■做法

- 熱2大匙油，炒香紅蔥頭，加蝦米、香菇、大白菜和胡蘿蔔炒4分鐘。
- 加雞高湯煮滾，加肉絲、蝦仁、蟹腿肉，加入（2）的材料再煮滾。
- 加（3）調和的玉米水勾芡。
- 最後加入（4）的調味料，盛起。
- 熱2杯油，拿一個大洞的漏杓，把蛋液由漏杓上淋下油炸，用筷子不斷攪拌直到蛋酥呈金黃色，撈起鋪在蟹腿羹上。

＊1大匙＝15cc，1小匙＝5cc

菜脯蛋

菜脯是台灣餐桌常見的食材，利用冬天盛產的蘿蔔醃成菜脯，易於存放又下飯。這道菜雖然簡單，但是要煎得好吃，必須先炒過蔥花和菜脯之後，再和蛋液拌勻，而不是將生蔥花和菜脯拌入蛋液中。

過年吃多了大魚大肉，不妨煎一盤香噴噴又好吃的菜脯蛋，來換換口味。

■材料

蔥（切蔥花）——1根
菜脯——60公克
蛋（打散）——3顆
鹽——適量

■做法

- 菜脯泡水約5～10分鐘，洗乾淨擠一下水分，切小丁。
- 熱2大匙油，炒香蔥花和菜脯約2分鐘，倒入缽中和蛋液拌勻。
- 鍋中再加1大匙油，倒入菜脯蛋液，中火煎到底層凝固，翻面再煎20～30秒即可。

清潔劑與生活

日日愛乾淨

文・攝影——傅天余

「生活」究竟是什麼呢？

在一本以促進美好生活為宗旨（笑）的雜誌裡提出這個問題，還真有點此地無銀三百兩的嫌疑。

針對這個問題每個人都有不同的想法吧，而我是在家樂福的清潔劑專區，找到最明確的答案。高大的貨架上，整齊排列著各式各樣的清潔劑——地板亮光清潔劑、馬桶清潔劑、玻璃光亮清潔劑、浴廁除霉清潔劑……這裡以各種用途的清潔劑作為區分，生活被明確拆解成許多區塊。清潔劑數量之龐大、品項之複雜，令人訝異平凡單調的日常生活竟然能產生如此細膩而多樣化的汙垢，簡直比生活本身更精采。

可以這麼說，清潔劑令我們直面生活，生活有多複雜，從清潔劑就能明白。

妙管家、白博士、威猛先生。神奇去汙霸。超氧活力去漬粉。十項全能超清淨除垢劑。超強智慧型殺菌去漬霸——我在家裡的儲藏室收集了各式各樣的清潔劑，比起化妝台的保養品還要多上許多。每當被各種清潔劑包圍時，我的心底便會油然而生一股安定感——全都放馬過來吧！一切的髒污不潔都將無力抵抗，都將被清除殲滅。

一匙靈、魔術靈、穩潔。超強洗淨。高效解垢。勁速光亮不留擦痕。除臭消毒一次ＯＫ。我喜歡閱讀清潔劑上那些說明文字、成分、功效，這些屬於清潔劑的特殊修辭，鏗鏘有力、語氣獨斷俐落，帶有一股冷硬派科幻動作片的氣氛，如果以電影角色來想像，清潔劑像個性格實在、不多說一句廢話的硬漢，總是默默的把壞人打退。相較之下，化妝品保養品則像個舌燦蓮花的公子哥，專門以花言巧語討女性的歡心。

從前我很熱中於保養品夢幻華麗的承諾，相信使用三個月後便能擁有雪白無瑕的肌膚，一次又一次花錢買下美麗的承諾，但臉上的雀斑還是在那裡從未去除。倒是清潔劑通常說到做到，很少令我失望。

如今我不再熱衷研究如何淡化臉上的黑斑，改以同樣的渴望與好奇，研究各廠牌清潔劑的去污力。

兩個月前我住的社區開了一家幾坪大的小店，賣各種國外進口的生活雜貨用品，我驚喜發現裡頭有一整櫃的日本進口清潔劑——浴缸專用洗劑、地毯踏墊專用清潔劑、粉撲專用洗劑、浴廉專用除霉劑、砧板專用泡沫洗潔劑……各種用途刁鑽的清潔用品與掃除道具，保證能深入家中最細微的角落，我常常忍不住走進去，挑選一瓶用途匪夷所思的清潔劑帶回家。

逛大賣場的時候，站在各式各樣的清潔劑之前，在**「無磷超濃縮環保配方100％美國原裝進口」**的超濃縮洗衣粉，跟**「獨特真菌劑配方，有效抑制過敏原，全程台灣在地製造」**的防蹣抗菌濃縮洗衣精，或者**「高純度植物萃取，洗淨力提升20％」**的日本老牌無添加石鹼之間幸福的苦惱著，這也是一種平凡生活裡的微妙樂趣吧！

「生物分解度95％以上。99.9％高效殺菌力，將深藏纖維底層的頑垢徹底洗淨。」

「史上超強無敵4酵加神奇活力氧，洗淨制菌360度全方位，迅速穿透纖維，高效漂白」

我常常想像有一個隱形江湖，各路名號的剽悍清潔劑戰士們，各自身懷絕世武功，隨時準備與頑強的汙垢決一死戰。一場又一場的對決，清潔劑使出全部能耐與難纏的汙垢分子搏鬥，試圖瓦解汙垢的頑強結構，人類將贏得最後勝利，生活秩序得以建立。我時常慶幸，幸好我們擁有這些配備，才能迎戰每日生活裡無可避免的惱人汙垢。

清潔劑去汙的過程有如魔法，就跟一個人為什麼會愛上另一個人一樣神祕。電影「戀夏五百日」裡有一場很棒的戲，熱戀中的男女主角在IKEA裡相互追逐，在美麗明亮的場景中預演未來的居家生活。如果IKEA是生活光明美好的正面，那麼賣清潔劑的地方大概就像是生活陰濕的背面吧。看電影時我忍不住想，逛完IKEA，也許接下來他們應該一起去逛大賣場的清潔用品區，洗衣，洗碗，刷馬桶，所有生活必須處理的麻煩，都先擺明了在那裡，美麗的IKEA家具與清潔劑，兩個加起來，才是一份完整的生活……可惜對於生活，人們通常選擇只看美好的那一面。

幸好，我們有清潔劑。

料理家米澤亞衣的私房食譜❸

義大利日日家常菜

米澤亞衣先前為我們介紹的義大利日常菜
既好吃又簡單，
真是適合日日生活的食譜呢。
接下來，也請她每一期為我們介紹兩道菜。

料理・搭配—米澤亞衣　攝影—日置武晴　翻譯—蘇文淑

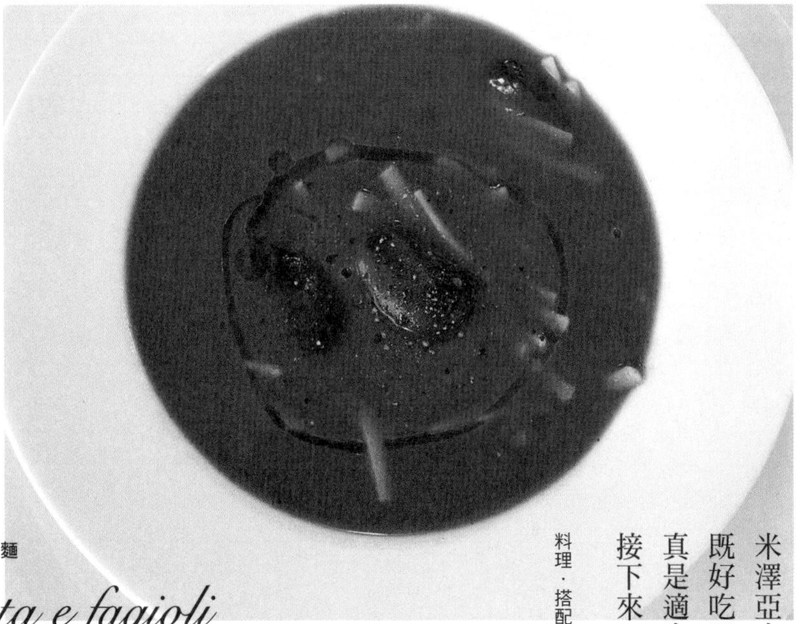

1
豆豆麵
Pasta e fagioli

住在西西里的安娜，每天清早五點就起床了。吃早餐時，連午餐的前置作業都已經準備好。我睡眼惺忪地踱到廚房去，鼻子裡聞到一股豆子跟蔬菜一起燉煮的甜香。胭脂色的豆子如此秋意，連肚子也暖了起來。

■材料
- 斑豆或紫花豆——250g
- 洋蔥——半顆
- 紅蘿蔔——1小根
- 番茄（熟透）——1小顆
- 芹菜——¼根
- 蒜頭——1瓣
- 義式培根（Pancetta）——30g
- 鹽——適量
- 義大利麵條——120g
- 特級初榨橄欖油

■做法
- 豆子洗淨後，用大量清水泡一晚。
- 將濾乾水分的豆子、洋蔥、紅蘿蔔、番茄、芹菜、大蒜以及義式培根，丟進厚一點的鍋子，加水淹過食材後，開火。
- 煮沸後，轉小火。繼續燉煮至以手輕壓豆子，可擠破的程度。
- 濾掉芹菜、培根、番茄皮。
- 最後將顆粒狀的豆子取出¼，浸泡在煮豆子的湯裡。
- 其餘則以攪拌器或食物研磨器攪拌至濃稠。
- 在另一個鍋子裡煮水、放入鹽巴，煮義大利麵（若麵條較長可折半）。
- 在麵條煮至彈牙的程度前撈起，拌入還溫熱的豆湯中煮滾後，加入先前從鍋中取出的豆子。
- 如嫌湯汁太濃稠，可以加水調整。
- 盛盤。倒入特級初榨橄欖油，隨喜好灑上一點胡椒。

＊生的義大利寬麵、義大利長麵條或湯品用的義大利短麵比較適合。

2

核桃濃醬拌馬鈴薯麵疙瘩

Gnocchi di patute con pesto ai noci

這道醬汁在里維耶拉海岸一帶的餐館裡，是搭配麵疙瘩跟義大利麵的最佳夥伴。剝核桃上的那層膜時，剝得眼睛都快變鬥雞眼了，不過，當淺褐色的核桃灑在乳白色的馬鈴薯醬上時，真讓人覺得好幸福呢。

■材料

□麵疙瘩

馬鈴薯（五月薯）——500g
高筋麵粉——約100g
鹽——¼小匙
核桃——適量
防沾黏用的麵粉（高筋）——適量

□濃醬

核桃（剝殼）——80g
大蒜——少於½瓣
牛奶——8大匙
特級初榨橄欖油——4大匙
粗鹽——適量
核桃（點綴用）——適量
帕馬森乾酪（點綴用）——適量

■做法

□製作麵疙瘩

- 將馬鈴薯連皮一起以小火煮熟，瀝掉水分，繼續乾煎一下後，多餘的水分便會蒸發。趁熱剝皮，並以壓薯器（masher）搗碎。
- 等薯泥稍微冷一點後，灑上高筋麵粉拌勻，加上鹽巴跟磨碎的核桃碎攪拌至滑順的程度。
- 取出一點薯泥，灑點麵粉以防沾黏，揉成約1公分厚的麵條。
- 從邊邊開始切起，大約比1公分稍長，把食指擺在麵條中間向後拉，兩頭捲起形成麵疙瘩。
- 在灑上麵粉的盤子或布上擺上麵疙瘩，小心別黏在一起（如果不是馬上要煮，就擺在盤子裡，冷凍保存）。

□製作濃醬

- 用熱水燙一下核桃，冷卻後，把薄皮剝掉。
- 與其他材料一同以手持攪拌器搗成膏狀（若用研磨缽，則從硬的磨起）。
- 煮一大鍋水，加點鹽巴，將麵疙瘩丟進去。等麵疙瘩一浮起後，用濾杓或濾匙舀起，確實濾乾水分，盛在預熱過的盤子上。
- 淋上濃醬，灑上核桃與帕馬森乾酪。

＊核桃除了可以用熱水燙之外，也可送進預熱至150℃的烤箱烤15分鐘。這樣會比較香，但由於帶皮，醬料也會稍帶苦味。

江戶前壽司❻

秋菊握壽司

先前我們介紹的都是生的食材，這次想轉換一下口味，介紹吃得到季節感的秋菊壽司。

「以前的江戶前壽司也會隨著季節調整口味，春天吃牡丹、夏天嚐茗荷，秋天則捏朵秋菊。」

黃色的菊花，在松下進太郎先生的手上切去了花蒂，一朵朵排列整齊。

「這道壽司就是要有點苦才顯得雅緻，不過花萼太苦了，最好緊貼著花冠盡量切掉。」

接著用加鹽的熱水汆燙一下，再把浸過甜醋的菊花加點切碎的芝麻（譯註：切碎的芝麻帶著香味，並且不像磨碎的芝麻會出油）一起捏成壽司。

「這一道不加山葵。」

可以直接吃，或沾點煎酒，總之不沾醬油。這一切都是為了要嚐出菊花的微苦與略微的清甜。

所謂的煎酒，是把日本酒跟梅干一起下去煮。從前沒有醬油時，生魚片（如過了醋的白肉魚）都沾煎酒。這一回，松下先生要來教我們松下式的煎酒作法。

將一升（約1.8ℓ）甜的日本酒（甘口）與三十個很鹹的梅干一起用小火煮滾，煮至剩下2合（編按：1合約180㎖）左右時，灑點鹽巴調整鹹淡，續煮至剩下1.5合時，取出梅干。剩下的酒以淨布濾過。用這種方法做出來的煎酒可以保存半年左右。

「也可以加柴魚片，不過這樣比較容易壞，如果想放久一點最好不要加。吃昆布醋比目魚或一般白肉魚時沾煎酒最棒。」

菊花自古就是代表日本的花卉，食用菊花比較不苦、香味也較濃，具有解毒功效。一般食用的菊花是黃菊，也有些紫菊，通常做成醋物、拌菜或醃漬醬菜等。把花朵壓平，乾燥之後的成品稱為菊海苔，在沒有鮮花的季節裡十分珍貴。

江戶前壽司不是只有生魚片，也善用了當令食材。這種江戶智慧，就展現在這一握秋菊壽司之中。

秋菊握壽司

泡甜醋

在醋裡加進砂糖與鹽巴，做成甜醋。接著將濾乾水分的菊花泡進去。甜醋的分量要多，這樣菊花在醋裡時，花瓣才不容易壓擠變形，最好能讓花瓣浮在醋中。就這麼放進冷藏庫裡保存。

汆燙、去水

貼著花冠，盡量把花萼去除。水一滾便加進鹽巴，將花朵浸泡30秒左右立即拿起。花瓣朝下靜置到水分濾乾為止，注意不要重疊。

食材跟醋飯完美地化為一體，正是握壽司的精髓。將菊花與醋飯捏到一體成形為止。

 文—高橋良枝　攝影—日置武晴　翻譯—蘇文淑

桃居・廣瀨一郎此刻的關注❺

探訪坂野友紀的工房

不曉得是不是因為線條柔和的關係坂野用金屬製成的餐具與刀叉都帶著一股溫潤的氣息。

廣瀨想看看年輕的坂野是如何創作的，因此便來拜訪工房。

文─草苅敦子　攝影─杉野真理　翻譯─蘇文淑

實在無法想像削瘦的坂野可以從事金屬加工的工作。
連接那又白又瘦的手腕的，是蘊含強勁力量的大手掌。

金屬的質地堅硬冰冷，但將坂野的作品拿在手上，不知道為什麼，感受到的第一印象卻是溫暖柔和的。

以鋁、黃銅、白銅、鐵等金屬創作餐具、刀叉的坂野，今年是展開創作活動後的第四年，究竟金工創作者的工房會是什麼樣子的地方？

坂野的工房是跟某間倉庫租借來的一個八疊大的角落空間。雖然以櫃子做成隔間，但當倉庫忙起來的時候，堆高機還是在身邊來來去去。

前方的鐵捲門一打開後，工作桌就沐浴在自然光下，完全跟在室外沒兩樣，是個充滿開放感的工房。

工作桌的四周放置著各種金屬加工時會使用的工具，像是剪斷金屬的鉗鋏跟鋸子、削薄、加熱用的研磨機跟噴槍等，全是一些平時少見的工具。

「我很喜歡工具，去工具店的時候就會不小心待很久，看到什麼都

手上一個個細心地排列著一大堆作品。
沐浴在陽光下，散發出柔和的光澤，更顯得溫煦動人。

朋友父親製作的一把獨特的椅子，也給工作室增添不少韻味。
坂野有時也會與其他創作者舉辦聯展。

想買。」

坂野剛開始時想學的其實是陶藝，所以大學進了工藝系，但沒想到陶藝是其他科系的課，所以四年都專攻木工。

「那時候就是覺得很不踏實，掌握不到那種創作的感受。」

快畢業時，坂野迷上金屬加工，於是延畢去金工室學習。畢業後開始在這個工房裡展開創作的每一天。

她的作品擅長活用材料的不同特性，同一款設計，在大小、搥打的質地上都會出現細微的差異，這種風韻，一般工廠絕對做不出來。

170公分高的修長身形，足以媲美模特兒的嬌柔氣質，讓人很難相信這個人真的會敲打金屬、拿起噴槍，從事那麼費力的工作。不過一看見她的手就恍然大悟了，那是一雙跟削瘦身形不相稱、既大又厚實的雙手。

廣瀨先生第一次見到坂野，是在

正在試做的椅子跟名片夾已經看得出風韻。

材料有鋁、黃銅、白銅、銅、鐵等。

撿來的虎鉗感覺用了很久，看來很厲害。

工作上必備的鐵鎚造型各異，排得像鍵盤一樣。

《日日》第二期中介紹過的Masu Taka先生的個展上。廣瀨先生看作品時也會看人。他覺得，金工創作者坂野很有自己的魅力。

「雖然她挑了剛硬的金屬來當成素材創作，不過做出來的作品卻帶著柔和，從她身上也感受得到這種氣質。」

作品會完全反映出一個人的氣質。相反地，少了這份氣質，則無法成就一件作品。冷冰冰的堅硬材質透過她的雙手，轉化為一件件溫暖的創作，這就是坂野個性的反映。

創作前會先畫圖嗎？

「有時會畫，不過做出來的不見得一樣，這樣也很好玩。」

就是這種彈性，讓作品呈現出一種柔軟度！不過她跟作品一樣，都擁有一股無法曲折的剛強。

坂野友紀（Sakano Yuki）

1978年生於東京都，2003年畢業自東京學藝大學後，展開創作活動。曾入選2002～2004年日本工藝展、2002～2003年高岡工藝展，之後多次舉辦個展與聯展。目前於東京多摩的「坂野工房」從事多元化創作，以金屬為主，設計與創作出各種器皿、刀叉、飾品、家具、擺飾等。

令人愉悅的小道具
飄散著一股鮮明的生活味

文—廣瀨一郎　翻譯—蘇文淑

「金屬器皿，通常描繪的是冰冷、堅硬的世界。
但坂野的杯碗瓢盆，卻傳遞出了一種溫暖柔和的氣質。
透過木鎚、研磨機與火焰，她將心底的線條與曲度一點一滴的打磨成形，
這其中，也把她的氣質熔了進去吧。」

■左起順時鐘：鋁杯、鋁碗（ø100～235）、底下黃銅盤（ø180）、上方白銅寬碗・凹洞（ø140）、
銅製、鋁製牛奶壺（ø53～54）、附湯匙鋁碗（ø100）

＊括號裡為大約的直徑或長度。鋁製作品全經過防蝕處理。

「所有在視覺上、觸覺上令人覺得愉悅的小道具，一定會給人一種感受，讓人覺得用起來一定很愉快。
我們從這些餐具裡，也察覺得到製作者那種珍惜、盡量單純、並且仔細的生活態度。」

■上排為黃銅、白銅鑰匙形湯匙（85～）、鋁杓（230）、鋁匙（120～）
下排為白銅湯匙、叉子（150～）、白銅咖啡調羹（135～）、白銅籤（128）

桃居　東京都港區西麻布2-25-13　☎03-3797-4494　週日、週一、例假日公休　http：//www.toukyo.com/
廣瀨一郎以個人審美觀選出當代創作者的作品，寬敞的店內空間讓展示品更顯出眾。

日日・人事物❸

樂園的早晨

圖、文—褚炫初

因為泰國摯友的關係，每年都會造訪泰國，並且跟著好友母親四處逛，讓假期充滿驚喜。張媽媽堅持，到公園找好吃的，一定要做隻早起的鳥。

清晨不到六點，倫披尼公園便充滿晨運人潮。只是這裡的運動項目除了慢跑和令人嘆為觀止的百人集體有氧舞蹈，絕大部分都是太極拳、外丹功、扇子舞，還有各式各樣看不出什麼招式的中國功夫。沿著林蔭大道散步，處處傳來悠揚的國樂，一時之間，我還以為自己沒有離開台北，或者身在中國某個城市，而不是前晚坐了快四個鐘頭飛機、深夜才抵達的泰國曼谷。

倫披尼公園（Lumpini Park）位於曼谷市中心，鄰近各國使館區，四周摩天辦公大樓與飯店林立。根據官方資料顯示，這裡過去曾是泰皇拉馬六世的御花園。20年代，積

倫披尼公園過去是泰皇的御花園，如今成為曼谷市區最寧靜的綠洲。

極推動現代化的泰皇在此籌辦了大型商展，向西方國家介紹泰國傳統工藝與物產之美，獲得空前的成功。展覽結束後，拉馬六世決定將這塊城市裡的綠洲送給他的子民，並且以佛陀在尼泊爾的出生地「倫披尼」幫花園命名。於是，曼谷擁有了在泰國歷史上，第一座屬於民眾的公園。

官方介紹的倫披尼公園有著正統泰國皇家背景，曾是御花園、由泰皇贈予人民並命名。不過實際上，大清早在公園活動的多數都是華僑。他們把這裡取了個很逍遙的名字，叫做「是樂園」。

「這公園是泰皇給的，但可以維護得這麼美，全靠華人的功勞。」張媽媽坐在湖邊的石頭椅凳上，擦乾臉上的汗珠，享受水面吹來的習習涼風。放眼望去，是樂園裡除了多由華僑組成、數也數不清的晨運團隊，包括散佈在各處的中國式涼

是樂園（Lumpini Park）
交通：Sky Train（BTS）於Saladaeng站下車
地鐵（MRT）於Silom站或Lumphini站下車

開放時間：am4：30－21：00（園內部份區域只到18：00）

亭和遮陽棚，都是當地僑領與華人捐的。每一個休憩納涼處代表一個社團，都有編號，由公園管理委員會正式授權，應允他們在指定的範圍搭建屬於自己的小天地。有的財力雄厚，涼亭看起來便精雕細琢；有的似乎鮮有人煙，張媽媽說，很可能是社團感情淡了，有人另起爐灶什麼的，所以最後大家乾脆都不來了。那些看似不起眼的小涼亭，光申請費據說已漲到差不多要五十萬泰銖，還不包括搭建的工程支出、以及日後的維修與清潔管理費用。離鄉背景的華人幾十年來在是樂園裡出錢出力，只為了每天清早可以和交情深厚的老鄉閒話家常、喝杯濃厚的潮州功夫茶，尋求一份亂世中的歸屬感。

有趣的是，張媽媽告訴我，是樂園雖然已變成曼谷華人的天堂，但在法律上，這些建設都是自願捐的，出錢蓋涼亭的社團並沒有所謂的擁有權。一般的市民、觀光客、泰國人、外國人，都能自由使用。只是公園裡有條曼谷人都知道的潛規則，那就是大清早的涼亭是屬於華人的，要等他們做完運動、喝完早茶、結束日常閒話離開後，才會有其他人進入。每座涼亭都由申請的社團負責管理、清潔，買茶水、維修等等開銷，都從會員繳的月費扣。因此，不要說外人不會輕易走進亭子裡叨擾，就算同樣是華人，如果不是受到會員邀請，也不好意思貿貿然闖進別人家社團討茶喝。

「很像是一個一個幫派哦？大家都有自己的地盤。」張媽媽笑著說。她是潮州移民第三代，也是我泰國好友的母親。多年來每次到曼谷，總能從張媽媽那聽到許多趣聞，光是跟著她老人家逛市場買菜，也能增長不少見識。

是樂園有個只在早晨營業的露天美食市集，張媽媽告訴我：「這裡的早餐選擇多，價格實惠，潮州粥的早餐最受歡迎。」其餘除了少數泰式小吃，還有豆漿、清粥小菜、燒鴨、魚鰾等等中華菜色。由於早早就打烊，所以觀光客知道的不多，幾乎都是當地人與老主顧。我與張媽媽採買了大袋食物，才朝

這裡的早餐選擇多，價格實惠，
潮州粥的早餐最受歡迎。
其餘除了少數泰式小吃，還有豆漿、
清粥小菜、燒鴨、魚鰾等等中華菜色。

世居在曼谷的華人，喜歡大清早到是樂園喝早茶、話家常。

著湖邊的涼亭走去。五、六位平均快80歲的老太太正用潮州話閒話家常，看到我坐定，立刻笑咪咪送上一小杯濃茶，接著各自打開準備好的早餐，蘿蔔糕、泰式酸辣米線、蝦餃、玉米、水果……像一場民族融合的饗宴，排了滿桌子。

「這樣的日子，是不是像天堂？寂寞的時候，知道可以在哪找到朋友；想一個人靜靜，就走進公園裡散步；肚子餓了，附近有市場和小吃攤。最重要的是，幾乎不需要花到什麼錢。不花錢也能很快樂，才是最難得的。」坐在湖畔涼亭，張媽媽心滿意足地對我說。在她眼中，他鄉早已成故鄉，是樂園。

十點半，陽光照得人眼睛都瞇起來。涼亭裡的老太太們把豐盛的早點收拾好，有的準備回家，有的打算再多喝兩杯茶、多聊一下。美好的一天，才正要開始。

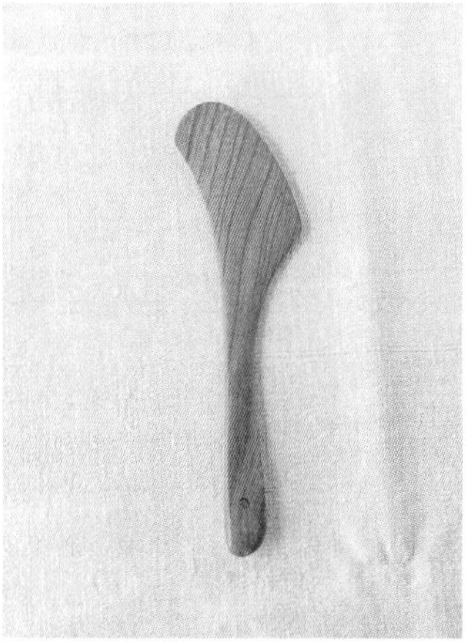

日日歡喜❼

「烹調木杓」

這次的日日歡喜請來料理家、料理攝影師、
造型師、插畫家與編輯等七位女性來分享。
說到「烹調木杓」總令人擔心
會不會很單調沒變化，
好在這只是杞人憂天。
將這些木杓集合起來，
發現不論是形狀還是材質原來都是如此多元。
每位料理人的木杓各有巧妙不同。

飛田和緒（料理家）

左撇子用木杓

我一直在找尋著適合左撇子用的木杓，但通常不管造形再怎麼突出，實際拿在手上就會發現對左撇子的人來說用起來都很不方便。在某次長途旅行即將返家之前，總算讓我遇上這枝木杓。這也是一位造型師朋友介紹的，我十分中意，一直使用至今。哦，對了，這是在松本市買到的。

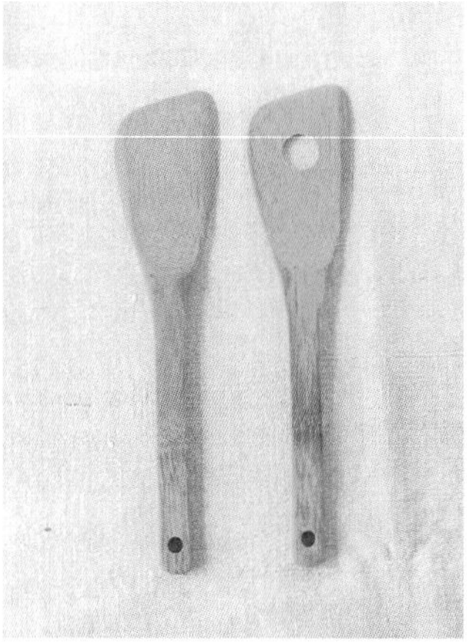

高橋良枝（編輯）

竹杓

我也用過幾枝木杓子，但木杓有幾個令人無法忽視的不便之處，像是前端分叉或是不夠堅硬，承重時會彎曲，不好使用。有一天，我在百貨公司的廚具賣場逛著逛著，就看到了這枝竹杓。雖然外表看起來粗糙不夠時髦，但是材質堅硬，拿起來也很順手，非常好用呀。拌葛粉等食材時，它一定是不二之選。

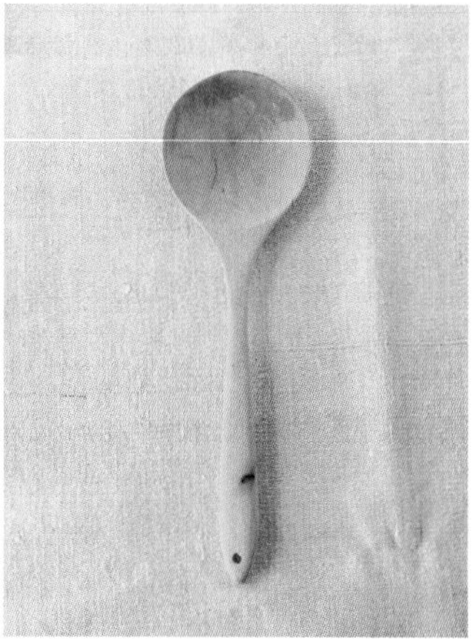

田所真理子（插畫家）

作果醬用的木杓

這是在東京淺草的合羽橋買的，大約五百日圓吧。造形簡單我非常喜歡，但是因為它沒有上油，所以會吸取炒菜的油分或是湯汁的味道，所以我就把它拿來當作塗抹蘋果果醬的專用杓子，心想，就算它會吸附味道，但有果醬甜味也不討人厭吶！今年秋天我用紅玉蘋果做了幾次果醬，於是它現在就有著酸酸甜甜的香氣。

公文美和（攝影師）

我的第一枝木杓

這是我在九州鄉下拍照採訪的空檔，在當地的土產店看到的。它偏長的把手處、前端較薄的觸感，以及雖然不知是用何種木材製造，但木紋的美麗著實吸引著我，因此買了下來。此後，我就拿它在鍋中攪拌，一邊也期待它在我的使用下染上我的氣息。它是我買的第一枝木杓，記得大約是在800日圓左右。

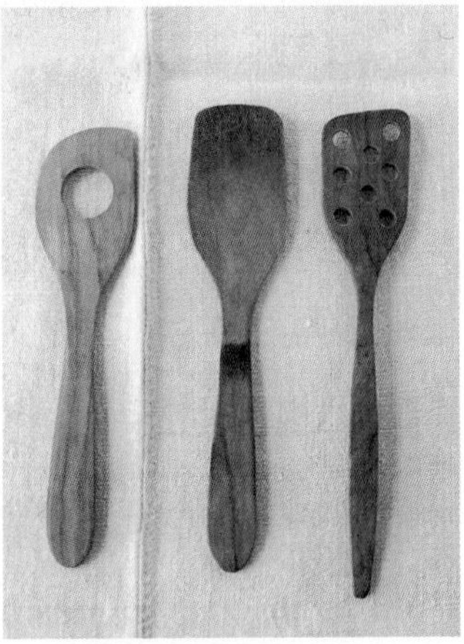

米澤亞衣（料理家）

橄欖木杓

這是在義大利一家專售以橄欖木材製作物件的商店裡所買的木杓，至今大約是十年前的事了。橄欖樹的木質非常堅硬，且越用越散發出一種很好的味道。仔細想想，我的砧板、碗、松露削刀等廚房用具中凡是木製品的，幾乎都是橄欖木。偶爾用橄欖油保養一下應該可常保如新，但我覺得就讓它這樣保留著褪色後的自然顏色感覺也不賴。

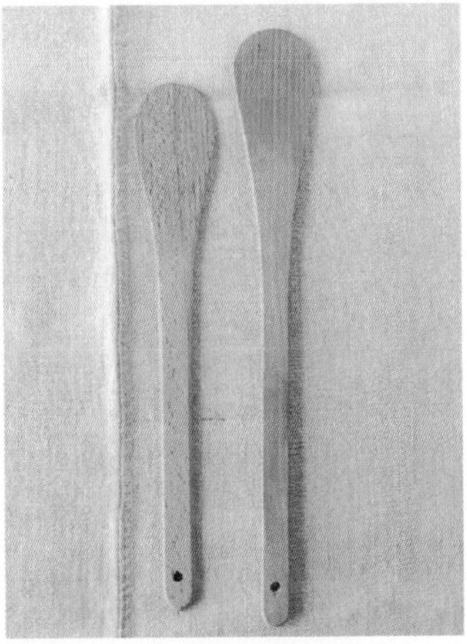

松長繪菜（料理家）

法國專業廚師用木杓

對出自法國知名廚具製造廠MATFER的木杓是我在巴黎Les Halles地區的一家專業廚具店買的。除此之外，我還有其他幾枝尺寸大小不同的木杓。從握把的厚度到接觸食材的部分全都是經過精心設計，因此用來非常順手。今後不論是在製作點心或是日日烹調料理時，都希望能有它的幫忙，讓我事半功倍。

久保百合子（造型師）

矽膠杓子

這是在東京江古田一家叫做「Flying Saucer」的店買的，材質為矽膠（耐熱溫度為300℃），因此遇到再熱的鍋也不怕。握把的地方不會太粗也不會太細，握起來的感覺很好，又因為它富有彈力，不論是炒菜、拌料或是將食物從器皿裡舀出來都很輕鬆。最近做菜時幾乎都只會用它。

 攝影—公文美和　設計—久保百合子　翻譯—王淑儀

專欄　植物日和❹

曇花

圖、文—林明雪

在我們居住的巷子裡，有三戶人家在牆邊種了曇花。附近市場的水果攤上，偶爾買得到新摘的曇花。一朵只要五元。

一年當中有幾天我們吃著自己種植的曇花。

曇花屬於仙人掌科植物，原生於熱帶地區。看起來扁扁長長的葉片，其實是特化成葉子形狀的莖。葉狀莖的外緣呈波浪狀，曇花的花蕾就從波浪的凹處冒出來。

夏秋兩季是曇花開花的季節。人們在巷子裡聊天時，免不了對著顯眼的花苞推測花朵綻放的日期。成熟的曇花花苞，大小或外觀都像一隻五指合攏的手。

曇花只在夜間開花，晚間九點到凌晨兩三點的這段時間，可以觀察到曇花完全開啟的樣子。大大的花冠像一個潔白的瓷碗，碗的中心有獨一無二的雌蕊和數以百計的雄蕊。雌蕊的柱頭成分叉狀，有點像海葵的觸手，用來捕捉從別朵花旅

行而來的花粉。至於那些雄蕊花絲，也都各自頂著一球可愛的鵝黃色花粉，等著有誰順道帶走。

花粉是一朵花裡最具深義的東西。對曇花來說，夜間出沒的蛾、蝙蝠都是帶來花粉和幫助散播花粉的重要訪客。花開時，曇花會散發香氣將牠們從黑暗中引來。這是許多於夜晚開花的植物的共通本領。在自然界裡，曇花和蝙蝠常被拿來當成植物和動物共同演化的例子。曇花之所以演化出粗壯的花柄，也是怕蝙蝠這位莽撞的客人，飛行時把花給撞壞了。

在深夜無人的巷子裡，看著碩大潔白的花朵中幾隻螞蟻在花蕊間爬行的樣子，即使向來很少在意這類大型花朵，也不免被這奇幻的景象吸引。

僅僅綻放過一次的曇花，會在清晨閉合凋零。接著在隔天被切成小段，與肉絲和薑絲一起被煮成好喝有趣的湯。特別喜歡花柄滑滑的口感。剛剛說的像海葵一樣的花柱，嚐起來恰似海鮮的肉質。

在半透明的曇花湯裡，有時會浮著一隻細小的螞蟻，可能是清洗時藏在眾多花蕊間沒有被洗淨，所以一起被煮進湯裡。曇花湯很好喝，而這隻螞蟻，早在前一晚便搶先嚐過曇花的滋味了。

日日・去看海❷

火燒島——綠島

攝影・文—賴譽夫

總和日程、風光、便利性，台灣的離島旅遊中，綠島總是最具人氣。全島各處皆有景點，環島成為必然行程，甚而在景點移動間反覆地全環、半環，途間必有一側傍海，喜歡觀海者必欣樂其中。

多數人都是乘船登島，即使整個島有數個小型泊港，但能夠靠停較大船艇的僅傳統漁捕中心的南寮漁港，抵埠映入眼簾的即是最熱鬧的市街。而機場所在的中寮，不遠處即是西北岬的綠島燈塔，日景與夜景各具奇趣。

海島必擁海蝕風光，但因位處，使得綠島在季候、海象的襲逆下，造出更具特色的岩象與岸景，像是與牛頭山相對的樓門岩（青魚嶼），以及觀光發展後以形象重新命名的哈巴狗與睡美人、將軍岩、火雞岩等。而先期的硓咕石聚落「柚子湖」，前後段海岸富擁灣澳、海岬、海階崖、海蝕柱、珊瑚裙礁與白砂灘等多樣地景，是必徊之處。除去普眾的浮淺，柴口、石朗，以及珊瑚礁與貝殼屑形成的「大白沙」，都是國際潛水名勝，深潛仰望射入深藍的陽光，更是看海人的極致行程。

綠島，仍如其名保有許多草原。由火燒山與阿眉山間穿越、貫連島之東西的過山古道，雖較少受到旅人青睞，然而登山遠眺美景之餘，更可觀察土沉香、樹杞、桃金娘等植被，與昆蟲生態。近來，不僅梅花鹿與俗稱「八卦」的椰子蟹，特有種津田氏大頭竹節蟲也成了綠島的生態明星。

此外，天然鐘乳石洞「觀音洞」是島上聖地；監禁思想犯的「綠島山莊」與人權紀念公園，是極富意義的歷史景點；而這個掘出許多新石器時代末期文物的小島，更是南島文化研究的要點；走訪綠島享受獨特的海底溫泉，也可徜徉許多人文風景。

上圖：中寮村的綠島燈塔是必賞名景。
下圖左至右：牛頭山。大浪加強造就了海蝕洞地形。

迎春——適合農曆新年裝飾的花藝

農曆新年是華人傳統的大節日，
大家在新年期間與親友團圓，
也順便休養生息，也為新的一年儲備更多的能量。
在這個家戶團圓的年節期間，家中少不了喜氣洋洋的花藝裝飾，
蘭花、梅花、菊花等，都是象徵幸福與歡慶的花卉。
這次老師用了枝條窈窕的櫻花取代梅花、
還有黃澄澄的金莎菊、雍容大器的虎頭蘭成了三大主角，
並以萬年青代替象徵步步高昇的竹子，加上有松柏感的藍柏點綴，
不落俗套的呈現了別緻的四君子花。

除了花卉，家中過年必備的蘋果、橘子等水果，
也可以成為整個花藝裝飾的一環。
隨花木原本形態所採用簡單而自然的插法，
寫意又充滿豐盛的感覺，
長時間盛開的花朵，為冷冷的冬季帶來溫暖的春意。

文—Frances 攝影—李維尼

林連素珍

德國花協（FDF）與工商總會（IHK）
Master Florist考試通過（歐盟認證），
現任行政院勞委會技能競賽花藝職類裁判團成員，
中華花藝研究推廣基金會花藝教授及北區副執行長。

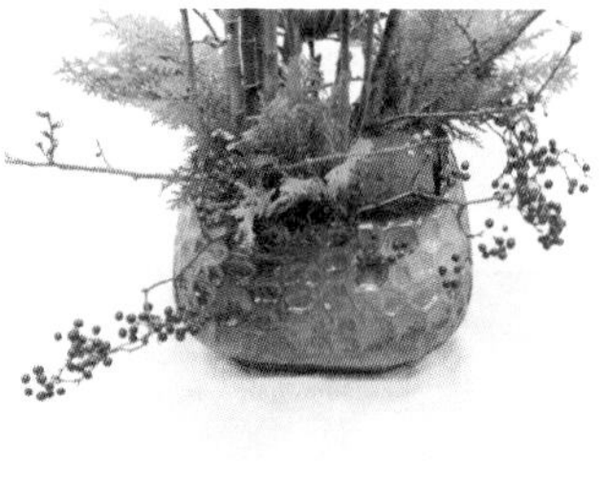

⑤ 將山歸來沿著花器邊緣繞插一圈，起點須插入海綿中，中間可用U形鐵絲固定。

⑥ 把唐棉分三粒一組、兩粒一組插在位置最低處。

⑦ 將虎頭蘭剪短，也分為兩組，壓低插在金莎菊旁邊，並在空隙處分三組插上黃小菊。

② 接著在對角與平行線上的位置各插上一組枝條較小的櫻花。

③ 插上萬年青與主要群組的金莎菊三枝，同時旋轉花器，在另一處插上較低的一組金莎菊（兩枝）。

④ 將藍柏以群組方式在空隙位置插上大小不同的三組。

花藝新手 Tips

一樣的花材，使用不同的花器，呈現出來的感覺也完全不一樣。例如在花市購買花材都是一大把的時候，不妨試試看用一樣的花材、不同的花器，插出兩盆看似不同卻又一樣喜氣的花吧！

主要材料：櫻花、金莎菊、虎頭蘭、山歸來、唐棉、藍柏、黃小菊、萬年青

① 找適當的花器，在花器中鋪上花泉（海綿）後，挑選枝條較粗、形狀優美的櫻花做為主枝。

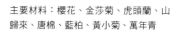

日々

back number...

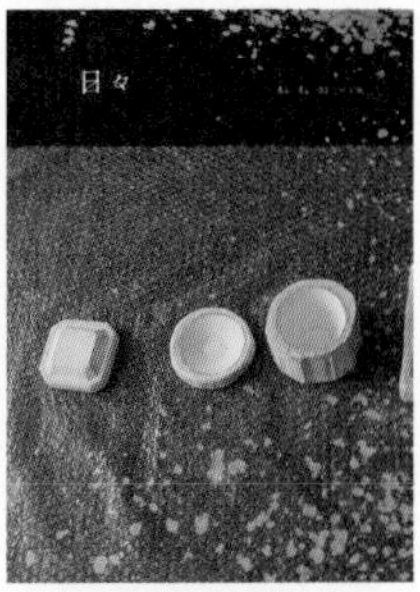

2012年8月

- 吳念真vs傅天余　兩個不同世代的導演喝咖啡、說故事
- 看江戶七代傳人的江戶前壽司，學江戶前壽司基本功
- 台北知名茶行老吉子老闆教大家夏日喝好茶
- 探訪東京神田老店「牡丹」講究的雞肉壽喜燒

2012年10月

- 插畫家與料理人在松本找到看得見山、離溫泉近的夢想之地
- 料理家米澤亞衣分享義大利日日家常菜的私房食譜
- 兩個世代的導演吳念真vs傅天余　暢談如何享受一杯咖啡
- 到青木良太與Masu Taka兩位陶藝家的工房一窺究竟

2012年12月

- 生活料理家松長繪菜帶來贈禮的故事和化感謝為形體的贈禮
- 江戶前壽司教大家認識、製作真正的玉子燒壽司
- 料理家米澤亞衣的私房食譜，學做義大利聖誕節的家常菜
- DIY果實藤環和桌花
- 傳承七十多年的李大川棉被店溫暖的故事

日々・日文版 no.5

編輯・發行人——高橋良枝
設計——赤沼昌治
發行所——株式會社Atelier Vie
http：//www.iihibi.com/
E-mail：info@iihibi.com
發行日——no.5：2006年9月1日

日文版後記

《日日》珍重古老而懷舊的事物，但也喜歡面對新挑戰，因此這回我們的封面改裝了，這是為了要給各位更多驚喜，與設計師赤沼先生商量之後的結果。紙質與版型維持不變，拿在手中的感覺仍在。

這回的特集聚焦在「食與書」這個主題上，連「日日歡喜」單元在內全都是在談食與書。此外，作家村松友視先生也首次加入《日日》的對談。村松先生曾出過一本書，是寫他曾經養過的一隻貓阿布桑的一生。飛田小姐家中也有一隻叫做小黑的大貓。兩人一聊到貓咪就停不下來了。（高橋）

日日・中文版 no.4

主編——王筱玲
大藝出版主編——賴譽夫
大藝出版副主編——王淑儀
公關行銷——羅家芳
設計・排版——黃淑華
發行人——江明玉
發行所——大鴻藝術股份有限公司｜大藝出版事業部
台北市103大同區鄭州路87號11樓之2
電話：（02）2559-0510　傳真：（02）2559-0508
E-mail：service@abigart.com
總經銷：高寶書版集團
台北市114內湖區洲子街88號3F
電話：（02）2799-2788　傳真：（02）2799-0909
印刷：韋懋實業有限公司

發行日——2013年2月初版一刷
ISBN 978-986-88997-1-1

日日 / 日日編輯部編著. -- 初版. -- 臺北市 ：
大鴻藝術, 2013.02　56面；19×26公分
ISBN 978-986-88997-1-1（第4冊：平裝）
1.商品　2.臺灣　3.日本
496.1　　　　　101018664

中文版後記

收到主編寄來的稿子，連串地驚呼「哇～哇～哇～」，竟然這麼多自製內容，真不簡單！與其說是老王賣瓜（姓王的人是主編），不如說是因為老置身事外，所以才會發出這樣的讚嘆，默默地大家就把菜都煮好了！

以前聽人家說過，開始一個新工作，會有想要離職的週期，三天三個月三年。如果說三是個劫數，那我們好歹也邁入第四期了，算是值得慶賀吧！話說回來，本期說到做到，沒有贈品就是沒有贈品！所以正在讀著這篇發行人後記的您，請受我們編輯部深深一鞠躬，感謝愛戴與支持，讓我們繼續風雨生信心！（江明玉）

大藝出版Facebook粉絲頁http：//www.facebook.com/abigartpress
日日Facebook粉絲頁 https://www.facebook.com/hibi2012